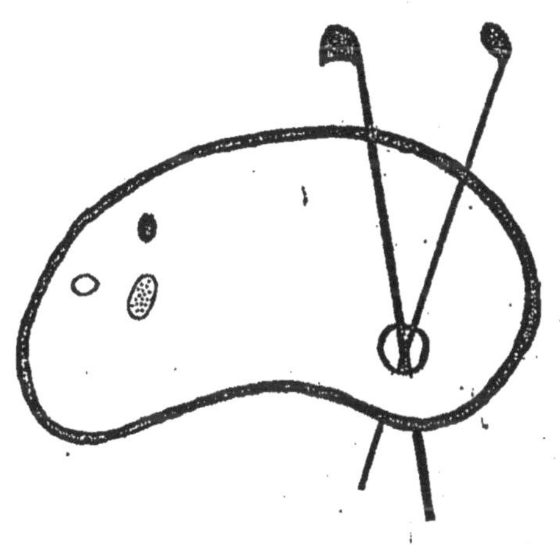

DEBUT D'UNE SERIE DE DOCUMENTS
EN COULEUR

A Monsieur Léopold Delisle
Membre de l'Institut
Hommage de respectueuse reconnaissance

BIBLIOTHÈQUE DE L'ÉCOLE DES HAUTES ÉTUDES,
PUBLIÉE SOUS LES AUSPICES DU MINISTÈRE DE L'INSTRUCTION PUBLIQUE.

# BULLETIN
DES
# SCIENCES MATHÉMATIQUES
ET
# ASTRONOMIQUES,



RÉDIGÉ PAR MM. G. DARBOUX, J. HOÜEL ET J. TANNERY,

AVEC LA COLLABORATION DE

MM. ANDRÉ, BATTAGLINI, BELTRAMI, BOUGAIEF, BROCARD, GÜNTHER, LAISANT, LAMPE, LESPIAULT, MANSION, POTOCKI, RADAU, RAYET, WEYR, ETC.,

SOUS LA DIRECTION DE LA COMMISSION DES HAUTES ÉTUDES.

*DEUXIÈME SÉRIE.*

TOME — 188

Toutes les communications doivent être adressées à M. *J. Hoüel*, Secrétaire de la rédaction, Professeur de Mathématiques pures à la Faculté des Sciences de Bordeaux

PARIS,
GAUTHIER-VILLARS, IMPRIMEUR-LIBRAIRE
DU BUREAU DES LONGITUDES, DE L'ÉCOLE POLYTECHNIQUE
SUCCESSEUR DE MALLET-BACHELIER,
Quai des Augustins, 55.

188
1881.

---

6786 Paris. — Imprimerie de GAUTHIER-VILLARS, quai des Augustins, 55.

LIBRAIRIE DE GAUTHIER-VILLARS,
QUAI DES AUGUSTINS, 55, A PARIS.

# BULLETIN DES SCIENCES MATHÉMATIQUES ET ASTRONOMIQUES;

RÉDIGÉ PAR

MM. G. DARBOUX, J. HOÜEL ET J. TANNERY,

AVEC LA COLLABORATION

DE MM. ANDRÉ, BATTAGLINI, BELTRAMI, BOUGAÏEF, BROCARD, LAISANT, LAMPE, LESPIAULT, POTOCKI, RADAU, RAYET, WEYR, ETC.

SOUS LA DIRECTION DE LA COMMISSION DES HAUTES ÉTUDES.

« Faire connaître aux savants l'état de la branche des sciences qu'ils cultivent, ce qu'il reste à faire, et le point d'où ils doivent partir s'ils veulent « lui faire faire des progrès », tel était le but que s'était proposé M. de Férussac en fondant son *Bulletin*, qui a rendu pendant plusieurs années de si grands services aux géomètres.

Le nouveau *Bulletin des Sciences mathématiques et astronomiques* se rattache directement, par le but et le plan, à cette utile publication; aussi a-t-il été accueilli avec la même faveur que son devancier.

Le *Bulletin des Sciences mathématiques et astronomiques*, fondé en 1870, a formé par an, jusqu'en 1872, un volume de 25 à 26 feuilles grand in-8 (tomes I, II, III). — A partir de cette époque, un accroissement considérable lui a été donné, sans augmentation de prix, et ce Journal s'est composé, depuis janvier 1873 jusqu'en décembre 1876, de 2 volumes par an (1 volume par semestre, avec Tables), comprenant en tout 42 feuilles grand in-8 environ. Les Tomes I à XI, 1870 à 1876, constituent la **1re Série**.

La **2e Série**, qui a commencé en janvier 1877, forme chaque année un Ouvrage de 48 feuilles au moins qui comprend 2 Parties ayant une pagination spéciale et pouvant se relier séparément. La première Partie contient : 1° *Comptes rendus de Livres et Analyses de Mémoires*; 2° *Mélanges scientifiques, Traductions de Mémoires importants et peu répandus, et Réimpression d'Ouvrages rares*. La deuxième Partie contient : *Revue des Publications académiques et périodiques*.

Les abonnements sont annuels et partent de janvier.

*Prix pour un an* (12 numéros) :

| | |
|---|---|
| Paris | 18 fr. |
| Départements et Union postale | 20 |
| Autres pays | 24 |

La **1re Série**, Tomes I à XI, 1870 à 1876, suivie de la Table générale des onze volumes, se vend .......... **90 fr.**

La *Table générale* des onze volumes de la 1re Série se vend séparément .......... **1 fr. 50 c.**

Chaque année de la 1re Série se vend séparément .......... **15 fr.**

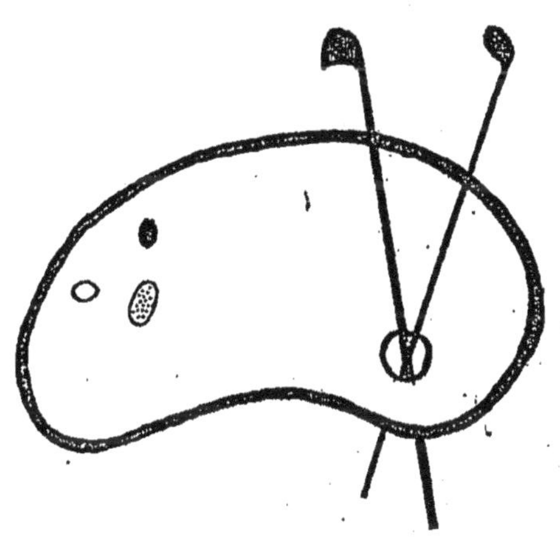

DEBUT D'UNE SERIE DE DOCUMENTS
EN COULEUR

# ÉTUDE SUR LE TRIANGLE HARMONIQUE;

PAR M. CHARLES HENRY.

## HISTORIQUE.

1. Le 27 décembre 1694, Leibniz écrivait au marquis de l'Hospital : « J'avais pris plaisir... de chercher les sommes des séries des nombres, et je m'étais servi pour cela des différences sur un théorème assez connu, qu'une série décroissant à l'infini, son premier terme est égal à la somme de toutes ses différences. Cela m'avait donné ce que j'appelais le *triangle harmonique*, opposé au triangle arithmétique de M. Pascal. Car M. Pascal avait montré comment on peut donner les sommes des nombres figurés qui proviennent en cherchant les sommes et les sommes des sommes des termes de la progression arithmétique naturelle, et moi je trouvai que les fractions des nombres figurés sont les différences et les différences des différences des termes de la progression harmonique naturelle, c'est-à-dire des fractions

$$\frac{1}{1},\ \frac{1}{2},\ \frac{1}{3},\ \frac{1}{4},\ \ldots,$$

et qu'ainsi on peut donner les sommes des séries des fractions figurées comme

$$\frac{1}{1}+\frac{1}{3}+\frac{1}{6}+\frac{1}{10}+\ldots,$$

$$\frac{1}{1}+\frac{1}{4}+\frac{1}{10}+\frac{1}{20}+\ldots.$$

Reconnaissant donc cette grande utilité des différences et voyant que par le calcul de M. Descartes l'ordonnée de la courbe peut être exprimée, je vis que trouver les quadratures ou les sommes des ordonnées n'est autre chose que trouver une ordonnée de la quadratrice dont la différence est proportionnelle à l'ordonnée donnée. Je reconnus aussi bientôt que trouver les tangentes n'est autre chose que différentier, et trouver les quadratures n'est autre chose que sommer, pourvu qu'on suppose les différences incomparablement petites. Je vis aussi que, nécessairement, les grandeurs différentielles se trouvent hors de la fraction et hors du *vinculum*, et qu'ainsi on peut donner les tangentes sans se mettre en peine des irrationnelles et des fractions. Et voilà l'histoire de l'origine de ma méthode [1]. »

Dans un opuscule intitulé *Historia et origo Calculi differentialis*, publié seulement en 1846 par M. Gerhardt [2], nous trouvons quelques détails complémentaires. C'est dans le courant de l'année 1672 que Leibniz eut l'idée du triangle harmonique, et c'est Huygens qui lui proposa de trouver la somme d'une série décroissante de fractions, les numérateurs étant des unités et les dénominateurs des nombres triangulaires. Huygens avait pu calculer cette somme à la suite d'entretiens avec Hudde sur les probabilités. Leibniz la trouva égale à 2, ce qui concordait avec le résultat de Huygens et avec la vérité. Il découvrit, par le même procédé, les sommes des séries de fractions dont les dénominateurs sont des nombres figurés quelconques, et dans la suite, ayant pris connaissance du triangle arithmétique de Pascal, il donna, par analogie, à son procédé d'investigation le nom de *triangle harmonique*. L'illustre géomètre revient avec quelques détails sur ce triangle dans une Note intitulée *Nova Algebræ promotio*, publiée également par M. Gerhardt [3]; au contraire, l'auteur y fait une simple allusion dans une de ses lettres à Oldenbourg, imprimées dans le *Commercium epistolicum* [4], et le mentionne rapidement dans son opuscule *De vera proportione circuli* [5]. Cette conception, qui joua un si grand rôle dans la création du Calcul différentiel, est donc une révélation toute récente de l'érudition, essentiellement digne à ce point de vue de l'attention des géomètres.

---

(1) *Leibnizens Mathematische Schriften*, Band II, p. 259.

(2) *Historia et origo Calculi differentialis a Leibnitio conscripta*; Hannoveræ, 1846. — *Leibnizens Mathematische Schriften*, Band I, p. 404.

(3) *Leibnizens Mathematische Schriften*, Band III, p. 174.

(4) *Commercium epistolicum*, nouvelle édition. Paris, 1856, p. 91.

(5) *Leibnitii Opera*, éd. Dutens, t. III, p. 143.

## CONSTRUCTIONS DU TRIANGLE HARMONIQUE.

2. De même que le triangle arithmétique, le triangle harmonique peut se construire de trois manières.

*Première construction.* — Écrivons sur une ligne horizontale la série harmonique de 1 à $\frac{1}{9}$ par exemple ; retranchons la deuxième fraction de la première, la troisième de la deuxième, la quatrième de la troisième, etc., nous avons la deuxième ligne du triangle. Opérons sur cette deuxième ligne comme nous avons opéré sur la première, nous aurons la troisième ligne, et ainsi de suite ; chaque ligne contiendra une fraction de moins que la précédente jusqu'à la neuvième ligne, qui n'en contiendra évidemment plus qu'une.

*Construction (a).*

| $\frac{1}{1}$ | $\frac{1}{2}$ | $\frac{1}{3}$ | $\frac{1}{4}$ | $\frac{1}{5}$ | $\frac{1}{6}$ | $\frac{1}{7}$ | $\frac{1}{8}$ | $\frac{1}{9}$ |
|---|---|---|---|---|---|---|---|---|
| $\frac{1}{2}$ | $\frac{1}{6}$ | $\frac{1}{12}$ | $\frac{1}{20}$ | $\frac{1}{30}$ | $\frac{1}{42}$ | $\frac{1}{56}$ | $\frac{1}{72}$ | |
| $\frac{1}{3}$ | $\frac{1}{12}$ | $\frac{1}{30}$ | $\frac{1}{60}$ | $\frac{1}{105}$ | $\frac{1}{168}$ | $\frac{1}{252}$ | | |
| $\frac{1}{4}$ | $\frac{1}{20}$ | $\frac{1}{60}$ | $\frac{1}{140}$ | $\frac{1}{280}$ | $\frac{1}{504}$ | | | |
| $\frac{1}{5}$ | $\frac{1}{30}$ | $\frac{1}{105}$ | $\frac{1}{280}$ | $\frac{1}{630}$ | | | | |
| $\frac{1}{6}$ | $\frac{1}{42}$ | $\frac{1}{168}$ | $\frac{1}{504}$ | | | | | |
| $\frac{1}{7}$ | $\frac{1}{56}$ | $\frac{1}{252}$ | | | | | | |
| $\frac{1}{8}$ | $\frac{1}{72}$ | | | | | | | |
| $\frac{1}{9}$ | | | | | | | | |

*Deuxième construction.* — Au lieu d'écrire la série harmonique sur une ligne horizontale, écrivons-la sur une ligne oblique ; procédons comme précédemment et écrivons les différences sur des lignes parallèles à la première; nous avons alors une deuxième construction du triangle harmonique, qui offre sur la construction (*a*) l'avantage de mieux faire ressortir les symétries numériques.

*Construction* (*b*).

$$\frac{1}{1}$$

$$\frac{1}{2} \quad \frac{1}{2}$$

$$\frac{1}{3} \quad \frac{1}{6} \quad \frac{1}{3}$$

$$\frac{1}{4} \quad \frac{1}{12} \quad \frac{1}{12} \quad \frac{1}{4}$$

$$\frac{1}{5} \quad \frac{1}{20} \quad \frac{1}{30} \quad \frac{1}{20} \quad \frac{1}{5}$$

$$\frac{1}{6} \quad \frac{1}{30} \quad \frac{1}{60} \quad \frac{1}{60} \quad \frac{1}{30} \quad \frac{1}{6}$$

$$\frac{1}{7} \quad \frac{1}{42} \quad \frac{1}{105} \quad \frac{1}{140} \quad \frac{1}{105} \quad \frac{1}{42} \quad \frac{1}{7}$$

$$\frac{1}{8} \quad \frac{1}{56} \quad \frac{1}{168} \quad \frac{1}{280} \quad \frac{1}{280} \quad \frac{1}{168} \quad \frac{1}{56} \quad \frac{1}{8}$$

$$\frac{1}{9} \quad \frac{1}{72} \quad \frac{1}{252} \quad \frac{1}{504} \quad \frac{1}{630} \quad \frac{1}{504} \quad \frac{1}{282} \quad \frac{1}{72} \quad \frac{1}{9}$$

*Troisième construction.* — Écrivons les neuf premiers termes de la série harmonique sur une ligne verticale; retranchons la deuxième fraction de la première, nous aurons la première fraction de la deuxième colonne; retranchons la troisième fraction de la deuxième, nous aurons la deuxième fraction de la deuxième colonne, etc.; retranchons la deuxième fraction de la deuxième colonne de la première fraction de la même colonne, nous aurons la première fraction de la troisième colonne, et ainsi de suite; chaque colonne contenant un terme de moins que la précédente jusqu'à la neuvième, qui n'en contient évidemment qu'un.

C'est sur la construction (*c*) que nous étudierons les propriétés du triangle harmonique, sans nous attarder aux démonstrations.

*Construction* (*c*).

$$
\begin{array}{ccccccccc}
\frac{1}{1} \\
\frac{1}{2} & \frac{1}{2} \\
\frac{1}{3} & \frac{1}{6} & \frac{1}{3} \\
\frac{1}{4} & \frac{1}{12} & \frac{1}{12} & \frac{1}{4} \\
\frac{1}{5} & \frac{1}{20} & \frac{1}{30} & \frac{1}{20} & \frac{1}{5} \\
\frac{1}{6} & \frac{1}{30} & \frac{1}{60} & \frac{1}{60} & \frac{1}{30} & \frac{1}{6} \\
\frac{1}{7} & \frac{1}{42} & \frac{1}{105} & \frac{1}{140} & \frac{1}{105} & \frac{1}{42} & \frac{1}{7} \\
\frac{1}{8} & \frac{1}{56} & \frac{1}{168} & \frac{1}{280} & \frac{1}{280} & \frac{1}{168} & \frac{1}{56} & \frac{1}{8} \\
\frac{1}{9} & \frac{1}{72} & \frac{1}{252} & \frac{1}{504} & \frac{1}{630} & \frac{1}{504} & \frac{1}{252} & \frac{1}{72} & \frac{1}{9}
\end{array}
$$

## PROPRIÉTÉS DU TRIANGLE HARMONIQUE.

3. Théorème I. — *Dans un triangle harmonique, un terme quelconque est égal à la différence de tous les termes de la colonne précédente jusqu'au terme placé sur la même ligne que lui ou à la différence de tous les termes au-dessus de lui, moins le terme placé à gauche de lui.*

Désignant par $\frac{1}{f}$ une fraction figurée quelconque, par l'exposant $n$ le numéro de la colonne, par l'indice $r$ le rang de la fraction dans la colonne, nous avons

$$(1) \quad \frac{1}{f_1^{n-1}} - \frac{1}{f_2^{n-1}} - \dots - \frac{1}{f_r^{n-1}} = \frac{1}{f_{r-1}^{n}} = \frac{1}{f_1^{n}} - \frac{1}{f_2^{n}} - \dots - \frac{1}{f_{r-2}^{n}} - \frac{1}{f_r^{n-1}},$$

d'où l'on déduit

$$(2) \quad \frac{1}{f_r^{n}} = \frac{1}{f_n^{r}},$$

c'est-à-dire :

*Corollaire.* — Dans chaque ligne du triangle harmonique, les nombres équidistants des extrêmes sont égaux.

4. Soient $\frac{1}{f}, \frac{1}{f'}, \frac{1}{f''}$ des fractions à termes positifs; désignons sous le nom de *fraction médiane* de ces fractions la fraction $\frac{1+1+1}{f+f'+f''}$, qui est évidemment comprise entre elles, et appelons *fraction médiane de la ligne* du triangle harmonique la fraction médiane de toutes les fractions de cette ligne; nous avons :

Théorème II. — *Le dénominateur de la fraction médiane de chaque ligne du triangle harmonique est égal à une puissance de 2 inférieure d'une unité au rang de cette ligne multipliée par le nombre exprimant ce rang, ce nombre étant identique au numérateur.*

C'est-à-dire

$$\frac{n}{f_n^1 + f_{n-1}^2 + \ldots + f_1^n} = \frac{n}{2^{n-1} n},$$

d'où

$$(3) \quad \begin{cases} 2^n + (n-2)2^{n-1} = f_n^1 + f_{n-1}^2 + \ldots + f_1^n, \\ 2^{n-1} + (n-3)2^{n-2} = f_{n-1}^1 + f_{n-2}^2 + \ldots + f_1^{n-1}, \\ \ldots\ldots\ldots\ldots\ldots\ldots\ldots\ldots\ldots\ldots \end{cases}$$

Si $n = 3$, on a

$$2^2 = f_2^1 + f_1^2;$$

si $n = 4$, on a

$$2^3 + 2^2 = f_3^1 + f_2^2 + f_1^3;$$

si $n = 5$, on a

$$2^4 + 2 \cdot 2^3 = f_4^1 + f_3^2 + f_2^3 + f_1^4;$$

or

$$2 \cdot 2^3 = 2^2 + 2^2 + 2^3;$$

donc, en général, le terme $(n-2)^{2n-1}$ est égal à la somme des sommes des dénominateurs de toutes les lignes antérieures à partir de la deuxième; et l'on peut énoncer cette proposition :

Théorème III. — *La somme des dénominateurs d'une ligne du triangle harmonique est égale à une puissance de 2, d'ex-*

*posant égal au rang de cette ligne, plus la somme des sommes des dénominateurs de toutes les lignes précédentes à partir de la deuxième.*

5. De même, on peut facilement établir les propositions suivantes :

THÉORÈME IV. — *Dans chaque ligne du triangle harmonique, le rapport d'un terme* $\frac{1}{f_{r+1}^{n-1}}$ *au terme* $\frac{1}{f_r^n}$ *est égal au rapport des nombres qui expriment les rangs de ces termes, comptés l'un avant* $\frac{1}{f_r^n}$, *l'autre après* $\frac{1}{f_{r+1}^{n-1}}$, *à partir de l'extrémité de la ligne,* c'est-à-dire que

$$\frac{1}{f_{r+1}^{n-1}} = \frac{r}{f_r^n (n-1)}. \tag{4}$$

THÉORÈME V. — *Le rapport de deux termes consécutifs appartenant à une colonne d'ordre* $n$, *dans le cas de* $n > 1$, *et de rangs* $r$ *et* $r+1$, *est égal à l'inverse du premier terme d'ordre* $n+r$, *divisé par* $r$, c'est-à-dire

$$\frac{\frac{1}{f_r^n}}{\frac{1}{f_{r+1}^n}} = \frac{f_1^{n+r}}{r}. \tag{5}$$

THÉORÈME VI. — *La colonne* $n^{ième}$ *du triangle harmonique présente l'ordre* $(n+1)^{ième}$ *des fractions figurées divisées par* $n$.

6. De l'observation en particulier des deux premières colonnes du triangle, on tire la série bien connue de Leibniz :

$$\frac{1}{1} - \frac{1}{n} = \frac{1}{1.2} + \frac{1}{2.3} + \frac{1}{3.4} + \frac{1}{4.5} + \ldots + \frac{1}{(n-1)n},$$

ou, dans le cas de $n = \infty$,

$$\frac{1}{1} = \frac{1}{1.2} + \frac{1}{2.3} + \frac{1}{3.4} + \ldots + \frac{1}{(n-1)n} + \ldots.$$

De cette série, qui est le principe du calcul des différences, on déduit :

*Corollaire I.* — La somme $\sum \frac{1}{m^2} + \sum \frac{1}{m^3} + \sum \frac{1}{m^4} + \ldots$, dans laquelle $m$ marque successivement tous les nombres à partir de 2, converge vers l'unité. En effet,

$$\frac{1}{1.2} = \frac{1}{1-\frac{1}{2}} = \frac{1}{2^2} + \frac{1}{2^3} + \frac{1}{2^4} + \frac{1}{2^5} + \ldots,$$

$$\frac{1}{2.3} = \frac{1}{1-\frac{1}{3}} = \frac{1}{3^2} + \frac{1}{3^3} + \frac{1}{3^4} + \frac{1}{3^5} + \ldots,$$

$$\frac{1}{3.4} = \frac{1}{1-\frac{1}{4}} = \frac{1}{4^2} + \frac{1}{4^3} + \frac{1}{4^4} + \frac{1}{4^5} + \ldots,$$

. . . . . . . . . . . . . . . . . . . . . . . . . . . . . . . . . ,

donc

$$\sum \frac{1}{m^2} + \sum \frac{1}{m^3} + \sum \frac{1}{m^4} + \ldots = 1. \quad (6)$$

*Corollaire II.* — De cette équation se déduit celle-ci :

$$\sum \frac{1}{m^n - 1} = 1, \quad (7)$$

dans laquelle $n$ prend toutes les valeurs possibles et $m$ est soumis à la condition de n'être pas puissance.

On a, pour $m = 1, 2, 3, \ldots, \infty$,

$$\sum \frac{1}{m^n - 1} = \sum \frac{1}{m^2 - 1} + \sum \frac{1}{m^3 - 1} + \sum \frac{1}{m^4 - 1} + \ldots;$$

or

$$\sum \frac{1}{m^2 - 1} = \sum \left(\frac{1}{m^2} + \frac{1}{m^4} + \frac{1}{m^6} + \ldots\right),$$

$$\sum \frac{1}{m^3 - 1} = \sum \left(\frac{1}{m^3} + \frac{1}{m^6} + \frac{1}{m^9} + \ldots\right),$$

. . . . . . . . . . . . . . . . . . . . . . . . . . . . . . . . . ;

mais les seconds membres des équations précédentes sont évidemment égaux à $\sum \frac{1}{m^2} + \sum \frac{1}{m^3} + \ldots$; l'équation (7) est donc démontrée : elle est connue sous le nom de *théorème de Goldbach*.

Si l'on met les égalités du corollaire I sous la forme

$$\frac{1}{2} = \frac{1}{3^1} + \frac{1}{3^2} + \frac{1}{3^3} + \ldots,$$
$$\frac{1}{3} = \frac{1}{4^1} + \frac{1}{4^2} + \frac{1}{4^3} + \ldots,$$
$$\ldots\ldots\ldots\ldots\ldots\ldots\ldots,$$

on a en général

$$(8)\quad \begin{cases} \dfrac{r}{n} = \left(\dfrac{r}{n+r}\right)^1 + \left(\dfrac{r}{n+r}\right)^2 + \left(\dfrac{r}{n+r}\right)^3 + \ldots, \\ \dfrac{r}{n-r} = \left(\dfrac{r}{n}\right)^1 + \left(\dfrac{r}{n}\right)^2 + \left(\dfrac{r}{n}\right)^3 + \ldots. \end{cases}$$

Si, dans cette dernière formule, on fait $r = 1$, il vient

$$\frac{1}{n-1} = \frac{1}{n} + \left(\frac{1}{n}\right)^2 + \left(\frac{1}{n}\right)^3 + \ldots.$$

c'est-à-dire :

*Corollaire III*. — Un terme quelconque de la série harmonique est égal à la somme de toutes les puissances à l'infini du terme suivant.

Dans le cas $r = 1$, on voit également que

$$\frac{r}{n} - \frac{r}{n+r} = \frac{r}{n}\,\frac{r}{n+r},$$

c'est-à-dire :

*Corollaire IV*. — La différence de deux termes consécutifs de la série harmonique est égale à leur produit.

Mais si

$$(9)\quad \frac{1}{n-1} - \frac{1}{n} = \left(\frac{1}{n}\right)^2 + \left(\frac{1}{n}\right)^3 + \left(\frac{1}{n}\right)^4 + \ldots,$$

de même

$$(10)\quad \frac{1}{n} - \frac{1}{n+1} = \frac{1}{n^2+n} = \left(\frac{1}{n}\right)^2 - \left(\frac{1}{n}\right)^3 + \left(\frac{1}{n}\right)^4 - \left(\frac{1}{n}\right) + \ldots.$$

Dans les équations (9) et (10), donnons successivement à $n$ toutes les valeurs à partir de 2; on voit que le premier membre de l'équation (9) représente successivement toutes les fractions triangulaires à partir de $\frac{1}{2}$, c'est-à-dire que la limite de la somme des inverses des puissances à l'infini est 1, ce qui est le corollaire I. On voit en outre que le premier membre de l'équation (10) représente successivement chaque fraction triangulaire à partir de $\frac{1}{6}$. Donc la somme des inverses des puissances paires, moins la somme des inverses des puissances impaires, est égale à $\frac{1}{2}$; d'où l'on conclut (résultat confirmé par les Tables) :

*Corollaire V.* — La somme des inverses des puissances paires tend vers $\frac{3}{4}$ et la somme des inverses des puissances impaires tend vers $\frac{1}{4}$.

7. Comparons entre elles deux colonnes quelconques du triangle, nous avons

$$\frac{1}{f_1^n}+\frac{1}{f_2^n}+\frac{1}{f_3^n}+\ldots+\frac{1}{f_r^n}=\frac{1}{f_1^{n-1}}-\frac{1}{f_{r+1}^{n-1}},$$
$$\frac{1}{f_{r+1}^n}+\frac{1}{f_{r+2}^n}+\frac{1}{f_{r+3}^n}+\ldots+\frac{1}{f_{r+r'}^n}=\frac{1}{f_{r+1}^{n-1}}-\frac{1}{f_{r+r'+}^{n-1}},$$

et ainsi de suite.

En ajoutant membre à membre, on obtient

$$\frac{1}{f_1^n}+\frac{1}{f_2^n}+\frac{1}{f_3^n}+\frac{1}{f_4^n}+\ldots+\frac{1}{f_r^n}+\frac{1}{f_{r+1}^n}+\ldots+\frac{1}{f_{r+r'}^n}=\frac{1}{f_1^{n-1}}-\frac{1}{f_{r+r'+1}^{n-1}}.$$

Dans cette équation, lorsque le premier membre devient infini, la fraction $\frac{1}{f_{r+r'+1}^{n-1}}$ est remplacée par d'autres fractions qui tendent vers zéro; on a donc

$$\sum\frac{1}{f_r^n}=\frac{1}{f_r^{n-1}}, \tag{11}$$

c'est-à-dire que *la somme d'une infinité de termes d'une colonne*

Théorème X. — *La somme des fractions figurées d'ordre* $n+1$ *est égale au quotient de deux fractions consécutives d'ordre* 2, *de rang* $n-1$ *et* $n$.

De ce théorème découle directement cette proposition :

*Corollaire.* — La somme du triangle harmonique est un triangle infini dans lequel chaque ligne exprime la somme de la colonne correspondante dans le premier, ou encore une colonne numérique infinie dans laquelle chaque terme exprime le quotient de deux termes consécutifs de la première colonne du triangle harmonique, c'est-à-dire qu'on a

$$(15)\quad \left\{ \begin{array}{l} \dfrac{1}{n}+\dfrac{1.2}{n(n+1)}+\dfrac{1.2.3}{n(n+1)(n+2)}+\ldots \\ \quad \dfrac{1.2.3.\ldots k}{n(n+1)(n+2)\ldots(n+k-1)}+\ldots=\infty. \end{array} \right.$$

Au contraire, l'expression

$$1-\frac{1}{n}+\frac{1.2}{n(n-1)}-\frac{1.2.3}{n(n-1)(n-2)}+\ldots+\frac{1.2.3.4\ldots n}{n(n-1)(n-2)\ldots 2.1},$$

dans laquelle les termes sont respectivement les inverses des termes de la suivante

$$(1-1)^n=0=1-\frac{n}{1}+\frac{n(n-1)}{1.2}-\frac{n(n-1)(n-2)}{1.2.3}+\ldots,$$

est finie dans le cas où $n$ est pair, nulle dans le cas où $n$ est impair.

*Remarque.* — La suite terminée

$$\frac{1}{n}+\frac{1.2}{n(n+1)}+\frac{1.2.3}{n(n+1)(n+2)}+\ldots+\frac{1.2.3\ldots k}{n(n+1)(n+2)\ldots(n+k-1)}$$

est le rappport de deux progressions de produits de termes consécutifs, et il est facile d'en exprimer la somme.

Soient

$$\begin{array}{ccccccccc} a_0 & a & b & c & d & \ldots & h & k & l & l_0, \\ \alpha_0 & \alpha & \beta & \gamma & \delta & \ldots & \zeta & \varkappa & \lambda & \lambda_0, \end{array}$$

deux progressions dans lesquelles $a_0$ et $\alpha_0$ désignent les termes avant $a$ et $\alpha$, $l_0$ et $\lambda_0$ les termes après $l$ et $\lambda$; on a

$$\frac{a}{\alpha_0} - 1 = \frac{a - \alpha_0}{\alpha_0} 1,$$

$$\frac{ab}{\alpha_0 \alpha} - \frac{a}{\alpha_0} = \frac{b - \alpha}{\alpha_0} \frac{a}{\alpha},$$

$$\frac{abc}{\alpha_0 \alpha\beta} - \frac{ab}{\alpha_0 \alpha} = \frac{c - \beta}{\alpha_0} \frac{ab}{\alpha\beta},$$

$$\frac{abcd}{\alpha_0 \alpha\beta\gamma} - \frac{abc}{\alpha_0 \alpha\beta} = \frac{d - \gamma}{\alpha_0} \frac{abc}{\alpha\beta\gamma},$$

$$\frac{abcd \ldots ll_0}{\alpha_0 \alpha\beta\gamma \ldots \varkappa\lambda} - \frac{abc \ldots l}{\alpha_0 \alpha\beta \ldots \varkappa} = \frac{l_0 - \lambda}{\alpha_0} \frac{abc \ldots hkl}{\alpha\beta\gamma \ldots \zeta\varkappa\lambda};$$

donc, en ajoutant et retranchant,

$$(16) \quad \frac{a}{\alpha} + \frac{ab}{\alpha\beta} + \frac{abc}{\alpha\beta\gamma} + \ldots + \frac{abc \ldots l}{\alpha\beta\gamma \ldots \lambda} = \frac{\alpha_0}{a - \alpha_0} \left( \frac{abc \ldots ll_0}{\alpha_0 \alpha\beta \ldots \varkappa\lambda} - 1 \right) - 1.$$

ce qui est la somme de la suite $\frac{1}{n} + \frac{1 \cdot 2}{n(n+1)} + \ldots$ généralisée.

## TRANSFORMATION DU TRIANGLE HARMONIQUE EN TRIANGLE ARITHMÉTIQUE.

9. L'expression

$$(17) \quad \frac{\frac{1}{f_r^n} \cdot \frac{1}{f_{r+1}^n} \cdot \frac{1}{f_{r+2}^n} \cdots}{\frac{1}{f_{r+1}^n} \cdot \frac{1}{f_{r+2}^n} \cdot \frac{1}{f_{r+3}^n} \cdots} = \frac{f_{r+1}^n}{f_r^n} \cdot \frac{f_{r+2}^n}{f_{r+1}^n} \cdot \frac{f_{r+3}^n}{f_{r+2}^n} \cdots$$

est un nombre indéterminé. Si, dans le second membre de cette égalité, on prend d'abord le premier facteur, puis le premier et le deuxième facteur, en général deux facteurs consécutifs, on obtient les termes successifs de l'ordre correspondant dans le triangle arithmétique. Mais on remarque que le rang de chaque nombre, dans la colonne du triangle arithmétique obtenu, est d'une unité inférieur au rang véritable de ce nombre dans la série figurée. Les termes d'ordre $n$ et de rang $r$ du triangle harmonique, tel qu'il est construit, correspondent aux termes d'ordre $n$ et de rang $r - 1$ du triangle arithmétique obtenu; autrement dit, les termes de rang $r$

et d'ordre $n-1$ de notre triangle harmonique correspondent aux termes de rang $r$ et d'ordre $n$ du triangle arithmétique ordinaire. Il y a donc dans le triangle harmonique une colonne de moins que dans le triangle arithmétique complet, ce qui était déjà impliqué par le théorème VI. Celle qui manque au triangle arithmétique obtenu est la première, renfermant les nombres figurés du premier ordre, c'est-à-dire les unités dont les nombres naturels sont les sommes. Celle qui manque à notre triangle harmonique est la première qui renferme les fractions figurées de premier ordre dont les termes de la série harmonique sont les différences. Or chacune de ces fractions du premier ordre est évidemment une quantité indéterminée et pouvant croitre au delà de toute limite, c'est-à-dire infinie. Les fractions figurées du premier ordre sont donc infinies, ce que la formule (13) exprimait déjà symboliquement.

De la divergence de la série harmonique se déduisent facilement les propositions suivantes :

*La somme des termes impairs de la série harmonique est infinie.*

*La somme des termes pairs de la série harmonique est infinie.*

*La somme* $\sum \frac{1}{ax+r}$, *dans laquelle* $x$ *égale successivement* $1, 2, 3, \ldots \infty$, *est infinie.*

**10.** Désignons par $F_r^{n+1}$ un entier figuré de rang $r$ et d'ordre $n+1$, et par $f_r^{n+1}$ le dénominateur de la fraction figurée de rang et d'ordre correspondants; on a évidemment

$$(18)\qquad F_r^{n+1} = \frac{f_r^{n+1}}{f_{r-1}^{n+1}} \frac{f_{r-1}^{n+1}}{f_{r-2}^{n+1}} \cdots \frac{f_2^{n+1}}{f_1^{n+1}}.$$

Mais

$$f_r^{n+1} = nF_r^{n+1} = n(F_1^n + F_2^n + F_3^n + \ldots + F_r^n);$$

donc l'équation (1) devient, après réduction et interversion des facteurs dans le second membre,

$$(19)\quad \left\{ \begin{aligned} &F_1^n + F_2^n + F_3^n + \ldots + F_r^n \\ &\quad = \frac{F_1^n + F_2^n}{F_1^n} \frac{F_1^n + F_2^n + F_3^n}{F_1^n + F_2^n} \frac{F_1^n + F_2^n + F_3^n + F_4^n}{F_1^n + F_2^n + F_3^n} \frac{F_1 + F_2^n + F_3^n + \ldots + F_r^n}{F_1^n + F_2^n + \ldots + F_{r-1}^n}. \end{aligned} \right.$$

Cette expression est le type de transformation de toute progression arithmétique en produit, et en général de toute série en produit d'un nombre infini de facteurs, et réciproquement.

### TRIANGLE HARMONIQUE GÉNÉRALISÉ.

**11.** Au lieu de supposer la raison égale à 1, nous pouvons la supposer quelconque. Nous avons alors la construction $(d)$ du triangle harmonique

$$
\begin{array}{lllllllll}
\frac{1}{a} \\
\frac{1}{b} & \frac{r}{ab} \\
\frac{1}{c} & \frac{r}{bc} & \frac{2r}{abc} \\
\frac{1}{d} & \frac{r}{cd} & \frac{2r}{bcd} & \frac{6r}{abcd} \\
\frac{1}{e} & \frac{r}{de} & \frac{2r}{cde} & \frac{6r}{bcde} & \frac{24r}{abcde} \\
\frac{1}{f} & \frac{r}{ef} & \frac{2r}{def} & \frac{6r}{cdef} & \frac{24r}{bcdef} & \frac{120r}{abcdef} \\
\frac{1}{g} & \frac{r}{fg} & \frac{2r}{efg} & \frac{6r}{defg} & \frac{24r}{cdefg} & \frac{120r}{bcdefg} & \frac{720r}{abcdefg} \\
\frac{1}{h} & \frac{r}{gh} & \frac{2r}{fgh} & \frac{6r}{efgh} & \frac{24r}{defgh} & \frac{120r}{cdefgh} & \frac{720r}{bcdefgh} & \frac{5040r}{abcdefgh} \\
\frac{1}{k} & \frac{r}{hk} & \frac{2r}{ghk} & \frac{6r}{fghk} & \frac{24r}{efghk} & \frac{120r}{defghk} & \frac{720r}{cdefghk} & \frac{5040r}{bcdefghk} & \frac{40320r}{abcdefghk}
\end{array}
$$

Nous obtenons ces nouvelles formules

$$
(20) \qquad \left\{
\begin{array}{l}
\sum \frac{1}{ab} = \frac{1}{r}\left(\frac{1}{a} - \frac{1}{k}\right), \\
\sum \frac{1}{abc} = \frac{1}{2r}\left(\frac{1}{ab} - \frac{1}{hk}\right), \\
\sum \frac{1}{abcd} = \frac{1}{3r}\left(\frac{1}{abc} - \frac{1}{ghk}\right), \\
\ldots\ldots\ldots\ldots\ldots\ldots
\end{array}
\right.
$$

et celles-ci

$$
(21)\quad \left\{
\begin{aligned}
&\frac{1}{a} = \frac{1}{ab} + \frac{1}{bc} + \ldots,\\
&\frac{1}{2ab} = \frac{1}{abc} + \frac{1}{bcd} + \ldots,\\
&\frac{1}{3abc} = \frac{1}{abcd} + \frac{1}{bcde} + \ldots,\\
&\frac{1}{4abcd} = \frac{1}{abcde} + \frac{1}{bcdef} + \ldots,\\
&\ldots\ldots\ldots\ldots\ldots\ldots\ldots\ldots,
\end{aligned}
\right.
$$

qui ne sont autre chose que la généralisation des séries suivantes, auxquelles Stirling ramenait toutes les autres, celles dans lesquelles $n$ et $r$ croissent suivant une loi quelconque :

$$
(22)\quad \left\{
\begin{aligned}
&\frac{1}{z} = \frac{1}{z(z+1)} + \frac{1}{(z+1)(z+2)} + \ldots,\\
&\frac{1}{2}\,\frac{1}{z(z+1)} = \frac{1}{z(z+1)(z+2)} + \frac{1}{z(z+1)(z+2)(z+3)} + \ldots,\\
&\frac{1}{3}\,\frac{1}{z(z+1)(z+2)} = \frac{1}{z(z+1)(z+2)(z+3)}\\
&\qquad\qquad + \frac{1}{(z+1)(z+2)(z+3)(z+4)} + \ldots,\\
&\frac{1}{4}\,\frac{1}{z(z+1)(z+2)(z+3)} = \frac{1}{z(z+1)(z+2)(z+3)(z+4)}\\
&\qquad\qquad + \frac{1}{(z+1)(z+2)(z+3)(z+4)(z+5)} + \ldots,\\
&\ldots\ldots\ldots\ldots\ldots\ldots\ldots\ldots\ldots\ldots\ldots\ldots,
\end{aligned}
\right.
$$

desquelles il déduit

$$
(23)\quad \left\{
\begin{aligned}
\frac{1}{z^2+nz} &= \frac{1}{z(z+1)} + \frac{1-n}{z(z+1)(z+2)} + \frac{(2-n)(1-n)}{z(z+1)(z+2)(z+3)}\\
&+ \frac{(3-n)(2-n)(1-n)}{z(z+1)(z+2)(z+3)(z+4)} + \ldots
\end{aligned}
\right.
$$

et

$$(24)\quad\left\{\begin{aligned}
\frac{1}{z^2} &= \frac{1}{z(z+1)} + \frac{1}{z(z+1)(z+2)} + \frac{1.2}{z(z+1)(z+2)(z+3)} + \ldots,\\
\frac{1}{z^3} &= \frac{1}{z(z+1)(z+2)} + \frac{3}{z(z+1)(z+2)(z+3)}\\
&\quad + \frac{11}{z(z+1)(z+2)(z+3)(z+4)} + \ldots,\\
\frac{1}{z^4} &= \frac{1}{z(z+1)(z+2)(z+3)} + \frac{6}{z(z+1)(z+2)(z+3)(z+4)}\\
&\quad + \frac{35}{z(z+1)(z+2)(z+3)(z+4)(z+5)} + \ldots,\\
&\ldots\ldots\ldots\ldots\ldots\ldots\ldots\ldots\ldots\ldots
\end{aligned}\right.$$

Nous renverrons, pour ces transformations, à la première partie du Traité : *Methodus differentialis sive Tractatus de summatione et interpolatione serierum infinitarum*, Londini, MDCCLXIV.

Aux généralisations précédentes se rattachent les élégantes considérations qui conduisent directement aux propriétés de la fonction Γ; mais ces considérations sont trop connues pour être transcrites ici ([1]), et les pages précédentes, qu'il serait possible d'étendre presque indéfiniment, sont un témoignage suffisant de l'importance du triangle harmonique.



([1]) *Voir* J.-A. Serret, *Traité de Calcul intégral*, p. 186.

(Extrait du *Bulletin des Sciences mathématiques*, 2e série, t. V; 1881.)

7173 Paris. — Imprimerie GAUTHIER-VILLARS, quai des Augustins, 55.

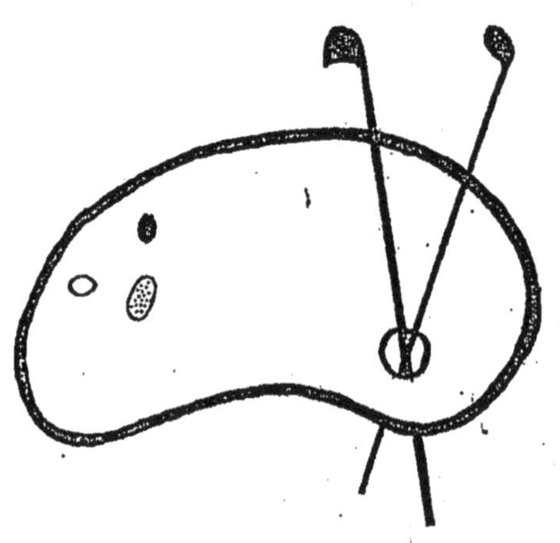

DEBUT D'UNE SERIE DE DOCUMENTS
EN COULEUR

www.ingramcontent.com/pod-product-compliance
Ingram Content Group UK Ltd.
Pitfield, Milton Keynes, MK11 3LW, UK
UKHW021157230726
13926UKWH00001B/150